Bernd Stummer

Bodenmeliorationsverfahren - ein Überblick

GRIN Verlag

Bibliografische Information der Deutschen Nationalbibliothek:

Die Deutsche Bibliothek verzeichnet diese Publikation in der Deutschen Nationalbibliografie; detaillierte bibliografische Daten sind im Internet über http://dnb.d-nb.de/ abrufbar.

Impressum:

Druck und Bindung: Books on Demand GmbH, Norderstedt Germany
ISBN: 978-3-638-83098-0

Dieses Buch bei GRIN:

http://www.grin.com/de/e-book/25421/bodenmeliorationsverfahren-ein-ueberblick

Universität Augsburg

Lehrstuhl für Physische Geographie

Sommersemester 2003

Mittelseminar: „Bodenökologie und Bodenschutz“

Thema: Bodenmelioration

Inhaltsverzeichnis:

Abbildungsverzeichnis:

A. Einleitung

Unsere Böden sind heutzutage vielfältigen Belastungen ausgesetzt. In der Land- und Forstwirtschaft werden die Böden sehr in Anspruch genommen. Zum einen durch die Bearbeitung und den Anbau, zum anderen durch Einträge von Stoffen aus der Umwelt. Aber es gibt auch Böden, die durch ihren Standort für die Landwirtschaft und den Ackerbau ungeeignet oder nur bedingt geeignet sind, so zum Beispiel an Flussläufen oder an den Küsten.
Die moderne Bodenbearbeitung versucht heute diese Faktoren durch verschiedene Methoden zu minimieren bzw. sogar zu eliminieren oder auf bereits genutzten Flächen die Bodendegradierung rückgängig zu machen.

B. Definition

Melioration – Dieser Begriff bereitet manchen bereits Probleme bei der Aussprache. Im Diercke-Wörterbuch Allgemeine Geographie ist der Begriff Melioration wie folgt definiert: „Kulturtechnische Maßnahme zu agrarwirtschaftlichen Bodenverbesserung (...)" (LESER, 2001, S. 503). Diese Maßnahmen beinhalten Dränung bzw. Entwässerung, Düngung, Bodenauflockerung und weitere Möglichkeiten der Bodenverbesserung.
Das Ziel einer jeden Melioration muss die Beseitigung eines Missstandes sein, wobei die Ursache dessen zu beheben ist. Im Idealfall sollte die Melioration neben der Ursachenbeseitigung auch noch einen positiven Einfluss auf Wachstumsfaktoren besitzen.

C. Meliorationsverfahren

Meliorationsverfahren lassen sich zunächst einmal in drei Maßnahmenkategorien untergliedern: Die Hydromelioration, Chemomelioration und die Profil- / Gefügemelioration. Meiner Meinung nach müsste man die agrarbauliche Nutzung, sprich die Bearbeitung und Folgevegetation, nach den genannten Verfahren auch noch dazuzählen, da diese einen entscheidenden Beitrag zur Erhaltung der Maßnahmen leistet.

I. Be- und Entwässerung

Die Be- und Entwässerung bzw. Dränung wird als Hydromelioration bezeichnet. Die Bewässerungsbedürftigkeit ist in den verschiedenen Klimazonen unterschiedlich und von den Anbauprodukten abhängig. In unseren Breiten ist eine Bewässerung zumeist nicht notwendig, außer bei Sonderkulturen, und es soll daher auf diesen Aspekt auch nicht näher eingegangen werden. Nur eines soll dazu gesagt werden. Sobald eine Fläche bewässert wird, besteht auch die Gefahr der Bodenversalzung und dieser Aspekt muss immer beachtet werden, da sich sonst die Verbesserungsmaßnahme in ihr Gegenteil wenden kann.

Die Entwässerung hingegen ist in unseren Breiten weit verbreitet und auch notwendig. Der Bedarf an Entwässerung ist allgemein vom (Standort-)Klima, der Bodenart, dem Bodentyp und der Nutzung abhängig. Die Bodennässe selbst kann verschiedene Ursachen haben (meist Grund- oder Stauwasser) und ist je nach Dauer und flächenmäßiger Ausdehnung der Vernässung unterschiedlich zu beurteilen. Eine großflächige ständige Vernässung ist für den Anbau natürlich wesentlich schlechter als eine nur witterungsabhängige partielle Vernässung, z.B. in einer Mulde. Das eingesetzte Meliorationsverfahren richtet sich folglich auch nach diesen Kriterien.

Grundsätzliches Ziel einer Melioration von vernässten Böden ist die Wasserbewegung und Wasserspeicherung im Boden zu verbessern. Um dieses zu erreichen wird die Dränung eingesetzt, aber auch die Unterbodenmelioration (wird später noch erklärt) kann hilfreich sein. Bei der Entwässerung kann und soll nur das überschüssige Wasser im Boden abgezogen werden und folglich hängt dies mit der Wasserdurchlässigkeit desselben zusammen. Es ist also nicht jeder Boden dränfähig.

Als Beispiel soll hier nachfolgend die Entwässerung eines Grundwasserbodens ausgeführt werden: Die Maßnahme der Entwässerung soll den Grundwasserspiegel absenken und somit Poren für den Luft-, Wärme und Wasserhaushalt freigegeben, was auch eine positiven Effekt für den Nährstoffhaushalt bedeutet.

Es gibt mehrere Entwässerungsmethoden, die je nach Durchlässigkeit des Bodens anwendbar sind. Zum ersten gibt es die Möglichkeit der Dränung mit Hilfe offener Gräben. Eine weitere ist die sogenannte Rohrdränung (auch Dränage genannt). Die dritte Möglichkeit ist die sogenannte Maulwurfs- oder Erddränung, welche auch in Kombination mit den anderen beiden genutzt werden kann.

Die ersten beiden Methoden können zur Entwässerung von durchlässigen Böden eingesetzt werden. Bei der Grabenentwässerung werden schmale offene Gräben auf den Äckern angelegt in welche das Wasser abfließen kann. Diese Gräben führen weiter über zentralen Abläufen bis hin zum Vorfluter. Dieses Verfahren wird vor allem zur Trockenlegung von Marschen an den Küsten verwendet. Die Unterhaltung der Gräben ist allerdings aufwändig, da diese ständig von Krautwuchs und Sedimentation befreit wer-

den müssen. Das Problem bei diesem Verfahren besteht in der Zerstückelung der Fläche und dem erschwerten Einsatz von Großmaschinen.
Das zweite Verfahren die Rohrdränung ist im Prinzip eine Verbesserung der Gräben. Hierbei werden keine Gräben mehr in die Äcker gegraben, sondern stattdessen Rohre eingezogen, die das Wasser sammeln und in die Gräben am Rande der Felder führen. Somit ist auch der Einsatz von Großmaschinen möglich. Ein Meliorationserfolg wird aber nur auf durchlässigen Böden erreicht.

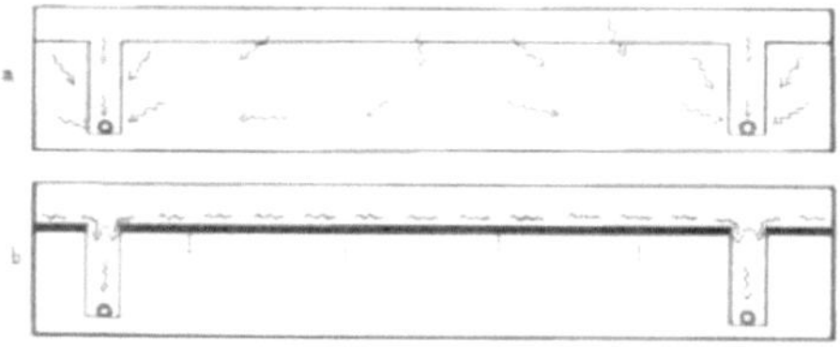

Abbildung 1: Schulte-Karring 1970, S. 16

Abbildung 1 zeigt die Vorstellung der Graben bzw. Rohrdränung bei einem wasserdurchlässigen (a) und einem allgemeindichten (b) Boden. Bei (a) zeigt sich ein gleichmäßiges Abfließen des Wassers in die Gräben, bei b) hingegen ergibt sich nur ein Oberflächenabfluss in die Gräben, welcher infolge von Erosion die Gräben verschließt.
Das dritte Verfahren ist die Maulwurfsdränung oder auch Erddränung. Dieses kann und muss auch bei dichtgelagerten Böden angewendet werden.

Abbildung 2: Schulte-Karring 1970, S. 14

Dabei werden mit einem Maulwurfsdränpflug mit Lockerungsschar (Abbildung 2) Röhren in den Unterboden gezogen, welche die Entwässerung fördern sollen (Abbildung 3).

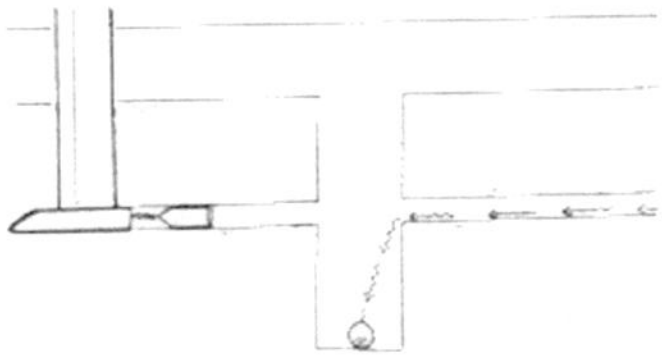

Abbildung 3: Schulte-Karring 1970, S. 13

Gleichzeitig wird der Boden dabei angehoben und somit die Zuflussmöglichkeiten für den entstandenen Erddrän vergrößert. Dennoch müssen wie bei den anderen Verfahren auch, Anschlüsse zu den Sammlergräben und Vorflutern bestehen, die das Wasser ableiten. In den Sammelergräben sollten auch Grabenfilter (Kies) eingebaut sein. Die Abstände der Erddräns richten sich nach der Dichte des Unterbodens und können zwischen 0,70 m und 1,40 m betragen und sollten mindestens in 80 cm Tiefe liegen, um ein Befahren mit Maschinen zu ermöglichen. Gleichzeitig ist die Standfestigkeit des Bodens Voraussetzung, da sonst die Erddräns in sich zusammenfallen. Somit sind steinfreie, feuchte und schwere Böden nötig.

Bei Staunässeböden reicht die Entwässerung nicht aus, da diese ja nicht die Ursache der Vernässung, sondern nur die Auswirkungen beseitigt.

II. Unterboden- / Gefügemelioration

Die Gefügemelioration dient dazu geogene Schichtungen (dicht gelagerte Ausgangssubstrate), pedogene Einlagerungs- und Setzungsverdichtungen (Verdichtungen durch Bodenbildungsprozesse, z.B. Ortstein), sowie anthropogen bedingte Verdichtungen (z.B. Pflugsohlen) zu beseitigen. Abbildung 4 zeigt verschiedene Formen der Verdichtung und grundsätzliche Verfahren zu deren Beseitigung. Dabei bedeutet Gefügemelioration eigentlich Tieflockerung und Unterbodenmelioration Tiefumbruch.

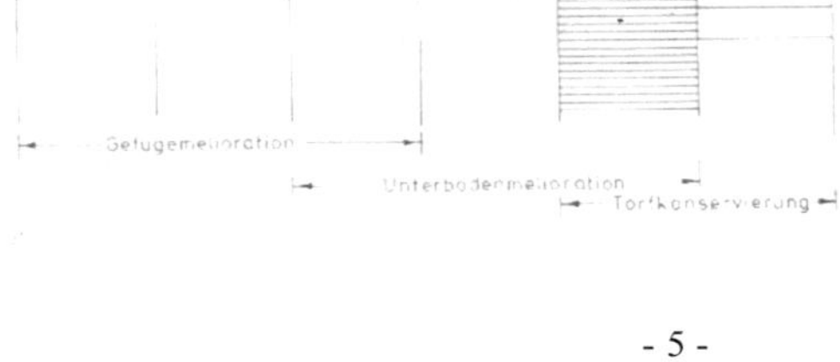

Abbildung 4: Blume 1990, S. 349

Dabei wird durch mechanische Maßnahmen versucht den verdichteten Unterboden zu lockern und so ein besseres Bodengefüge herzustellen. Voraussetzung für eine erfolgreiche Melioration ist die Bearbeitung im trockenen Zustand, da sonst plastische Verformungen oder Verschmierungen entstehen. Teilweise hat daher einer Unterbodenmelioration auch eine Entwässerung voranzugehen (z.B. Erddränung). Bei bestimmten Bodentypen sind diese Verfahren allerdings nicht nötig bzw. nicht geeignet: Sandböden sind nicht lockerungsbedürftig, Schluffböden nicht lockerungsfähig.
Bei der Gefügemelioration gibt es grundsätzlich zwei Verfahren zu unterscheiden: Die Tieflockerung oder auch Unterbodenlockerung und den Tiefumbruch.
Die Tieflockerung ist für Böden mit Verdichtungen im Bereich der Krume ausreichend. Wichtig bei der Tieflockerung ist die Tatsache, dass die Verdichtung unterfahren wird. Das Verfahren selbst läuft folgendermaßen ab: Mit dem Bearbeitungsgerät wird der Unterboden bis zu einer maximalen Tiefe von 1 m aufgelockert und Lockerungsfurchen eingezogen (Abbildung 5).

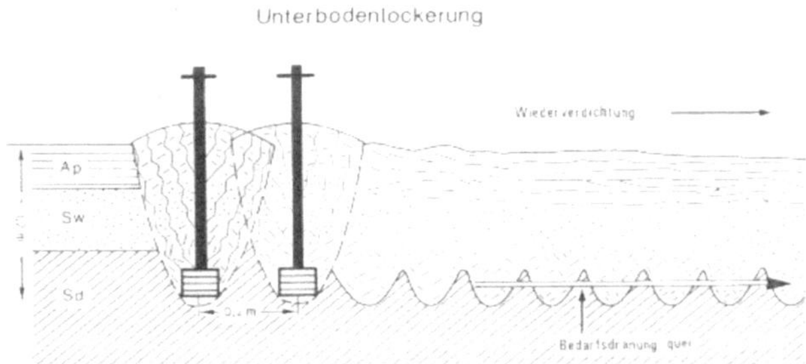

Abbildung 5: Blume 1990, S. 352

Es findet dabei aber nur eine partielle Vermischung von Bodenmaterial statt, d.h. keine wesentliche Verlagerung. Eine wichtige Vorraussetzung für eine erfolgreiche Tieflockerung ist die Tatsache, dass der Tongehalt des Bodens mindestens 17 % betragen muss. Bei der Lockerung entstehen zumeist größere Blöcke. Durch den Einfluss von natürlichen Kräften (Austrocknen, Wiederbefeuchten, Quellen, Schrumpfen und Frost) wird die Sekundärauflockerung vollzogen. Danach erst ergibt sich ein günstiges Gefüge. Dieses Gefüge muss nun erhalten werden.

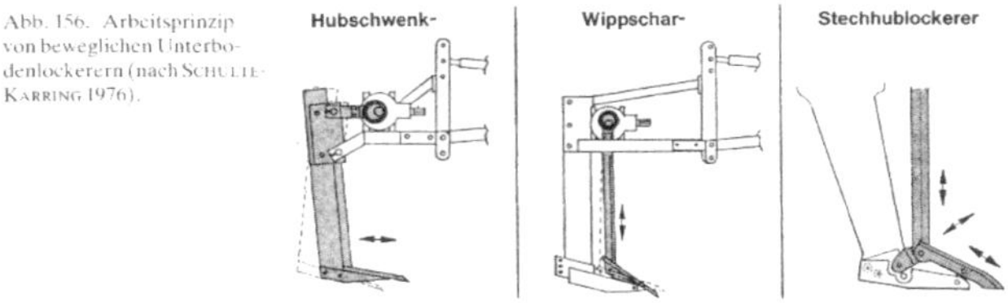

Abbildung 6: Blume 1990, S. 353

Als Bearbeitungsgeräte finden sowohl einarmige als auch mehrarmige, starre oder bewegliche Geräte mit oder ohne Presskegeln, sowie mit oder ohne Tiefendüngungseinrichtungen Anwendung. Beispiele sind der Pflug, Hubschwenk-, Wippschar- und Stechhublockerer (vgl. Abbildung 6). Sollte die Sekundärauflockerung nicht ausreichend sein, kann mit einer Spatenrollegge nachbearbeitet werden.

Kann mit der Tieflockerung der Verdichtungshorizont nicht unterfahren werden, kommt das zweite Verfahren zur Untergrundmelioration zum Einsatz: der Tiefumbruch.

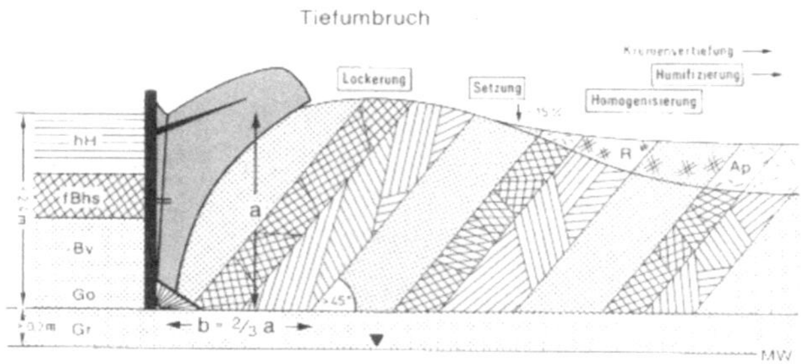

Abbildung 7: Blume 1990, S. 352

Der Tiefumbruch ist für die Beseitigung von Unterbodenverdichtungen oder -verfestigungen geeignet. Als Bearbeitungsmethode findet hier vor allem das Tiefpflügen Anwendung. Dabei wird mit einem einschartigen Spezialpflug in einer Arbeitstiefe zwischen 0,60 m und 1,60 m der gesamte Boden einmalig wendend und mischend aufgelockert (Abbildung 7). Allerdings ist dieses Verfahren bei Böden mit minderwertigem Unterboden, z.B. Grundmoränenmaterial, ungeeignet. Kommt der Spatenpflug oder Furchenlockerer zum Einsatz, wird gleichzeitig eine erneute Pflugsohlenbildung verhindert. Die Lockerungsgeräte der Tieflockerung und des Tiefumbruchs können auf verschiedene Weise eingesetzt werden und kommen auch in verschiedenen Ausfertigungen vor.

Zum Ersten gibt es einarmige Geräte. Diese können auf voller Spurbreite (Abbildung 8) genutzt werden, was einen weiten Abstand zwischen den Furchen zur Folge hat,

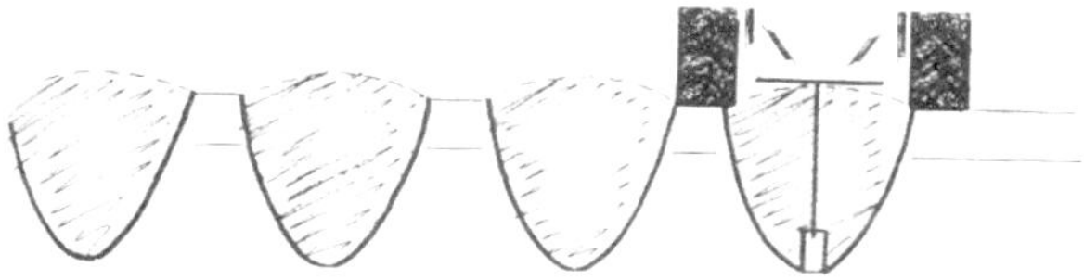

Abbildung 8: Schulte-Karring 1970, S. 33

oder auf halber Spurbreite (Abbildung 9) verwendet werden, was einen zu engen Abstand und ein Überfahren zur Folge hat.

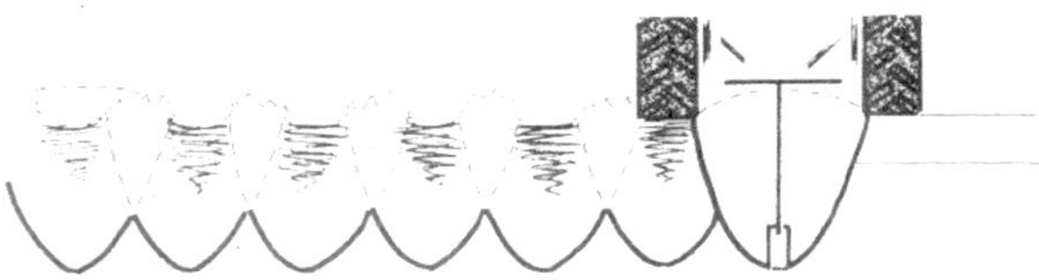

Abbildung 9: Schulte-Karring 1970, S. 34

Am sinnvollsten ist die Doppellockerung, bei der die volle und die halbe Spurbreite Anwendung finden. Somit ergibt sich eine intensive Auflockerung. Der einzige Nachteil dabei ist der erhöhte Arbeitsaufwand (Abbildung 10).

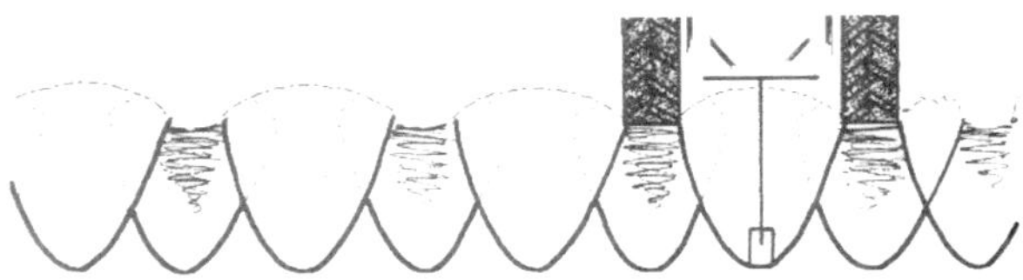

Abbildung 10: Schulte-Karring, 1970, S. 34

Natürlich gibt es auch zweiarmige Geräte. Hierbei wird die sogenannte übersetzte Lockerung angewendet, d.h. zunächst wird eine volle Lockerung durchgeführt, danach eine Zwischenlockerung (Abbildung 11).

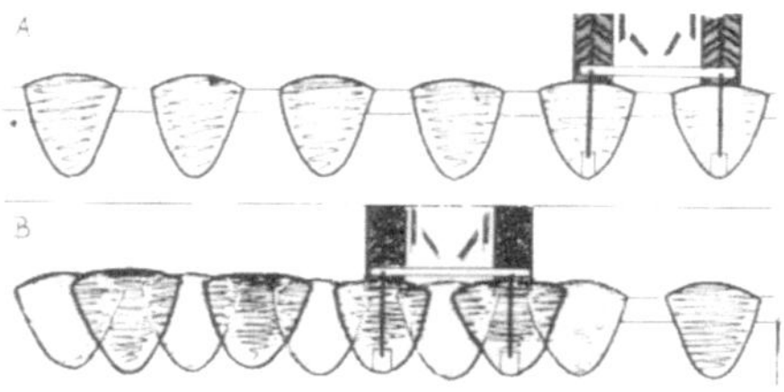

Abbildung 11:
Schulte-Karring 1970, S. 35

Eine besonders erfolgreiche Lockerung verspricht der kombinierte Einsatz von einarmigen und zweiarmigen Lockerungsgeräten. Dabei wird mit dem einarmigen Gerät zunächst besonders tief aufgelockert und mit dem zweiarmigen Gerät dann eine Zwischenlockerung ausgeführt (Abbildung 12).
Mittlerweile gibt es auch noch mehrarmige Geräte. Dabei ist allerdings die gleichmäßige Zugbelastung der äußeren Scharren zu beachten.

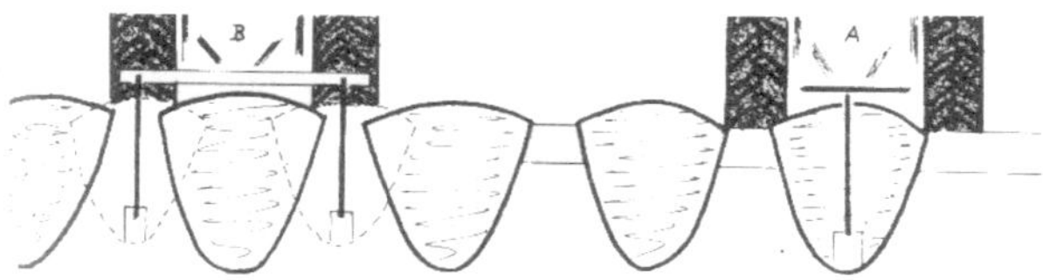

Abbildung 12:
Schulte-Karring 1970, S. 35

Wichtig für die Erhaltung der Auflockerung ist zum ersten die weitere Bodenbearbeitung, zum zweiten die Folgevegetation und zum dritten die Chemomelioration.

III. Chemomelioration

Unter Chemomelioration ist die Bodenverbesserung mit Hilfe chemischer Mittel zu verstehen. Man könnte dazu auch Düngung sagen. Dabei gibt es die Möglichkeit der einmaligen Anwendung mit großen Mengen, oder der wiederholten Anwendung mit kleineren Mengen. Eingesetzte Stoffe bei der Chemomelioration sind: Kalke. Phosphorsäure, Kali, Torfe, Kompost und synthetische Mittel.

Werden große Mengen eingesetzt spricht man auch von einer Meliorationsdüngung. Dies ist bei der Tiefendüngung der Fall, da hierbei große Mengen an Phosphorsäure, Kalk oder Stickstoff in die Lockerungsfurchen und den Unterboden eingeblasen werden. Für die Gefügestabilisierung nach einer Unterbodenlockerung oder auch Krumenlockerung eignet sich Stickstoff, welcher ein verstärktes Wurzelwachstum zur Folge hat. Ideal ist der Einsatz von Kalkstickstoff, da dieser langsam umgesetzt wird und gut zu verblasen ist. Kalk dient ebenso der Gefügestabilisierung, wobei dieser an der Oberfläche aufgetragen und langsam eingewaschen wird. Als drittes Gefügestabilisierendes Mittel wird Phosphorsäure eingesetzt, so z. B. Thomasphosphat.
Eine Erhöhung des Humusgehalts und eine Verbesserung der Wasserspeicherfähigkeit werden durch das Ausbringen von Kompost, Hochmoortorf (Düngetorf oder Torfdünger), Klärschlamm, Styropor oder Hygromull erreicht. Klärschlamm wird nur begrenzt eingesetzt, unterliegt der Klärschlammverordnung und ist als Nährstoffträger und Humusquelle geeignet. Styropor und Hygromull finden v.a. in gärtnerischen Erden Anwendung.

D. Erhaltung der Meliorationswirkung

Das Ziel einer jeden Melioration ist wie schon erwähnt die möglichst lange Erhaltung des Meliorationserfolges. Dafür muss aber auch einiges getan werden. Wichtig ist zunächst eine richtige Wahl der Folgevegetation. Hierbei bieten sich sogenannte Tiefwurzler, wie Luzerne, Raps oder Hafer an, da diese den gelockerten Unterboden nutzen und dort Wurzeln ausbilden, welche das Gefüge stabilisieren.

Abbildung 13: Schulte-Karring 1970, S. 40

Die Abbildung 13 zeigt die Wurzelbildung von wurzelaktiven Pflanzen in 60 – 80 cm Tiefe 2 Jahre nach der Tiefendüngung.

Weiterhin muss auch Wert auf eine schonende Bodenbearbeitung gelegt werden, da sonst die mechanischen Verdichtungen sehr bald wieder zu finden sind. Ein erster Schritt ist dabei die Befahrung rechtwinklig zu den Lockerungsfurchen und der Einsatz strukturschonender Bodenbearbeitungsgeräte, z.B. Spatenmaschine, Aufsattelpflüge, Fräsen und Scheibeneggen.

E. Zusammenfassung

Wie zu sehen ist gibt es viele Methoden der Bodenverbesserung. Allerdings ist keines dieser Verfahren alleine in der Lage eine ausreichende Melioration zu bewirken. Nur die Kombination von physikalischen und chemischen Verfahren kann einen richtigen und nachhaltigen Erfolg bringen. Außerdem muss auch auf die darauffolgende Bearbeitung und Vegetation des meliorierten Bodens Wert gelegt werden.

F. Literaturverzeichnis

- Blume, H.-P. (1990): Handbuch des Bodenschutzes. – Ecomed Verlagsgesellschaft, 686 S., Landsberg/Lech
- Kuntze, H. (1965): Die Marschen – Schwere Böden in der landwirtschaftlichen Evolution. – Verlag Paul Parey, 127 S., Hamburg
- Kuntze, H., G. Roeschmann, G. Schwerdtfeger (1994): Bodenkunde. – Eugen Ulmer GmbH & Co., 424 S., 5. Auflage, Stuttgart (Hohenheim)
- Leser, H. (2001): Diercke-Wörterbuch Allgemeine Geographie. – Westermann dtv, 1037 S., 12. Auflage, München
- Schulte-Karring, H. (1970): Die meliorative Bodenbewirtschaftung. – Landes-Lehr- und Versuchanstalt Ahrweiler, 169 S., Ahrweiler
- Internet: (Stand: 04.05.03)
  - http://www.geschichte.schleswig-holstein.de/vonabisz/entwaesserung.htm